Sagar D. Dhawale

Veículo terrestre não tripulado

Sagar D. Dhawale

Veículo terrestre não tripulado

Uma máquina de locomoção sem humano a bordo

ScienciaScripts

Imprint
Any brand names and product names mentioned in this book are subject to trademark, brand or patent protection and are trademarks or registered trademarks of their respective holders. The use of brand names, product names, common names, trade names, product descriptions etc. even without a particular marking in this work is in no way to be construed to mean that such names may be regarded as unrestricted in respect of trademark and brand protection legislation and could thus be used by anyone.

Cover image: www.ingimage.com

This book is a translation from the original published under ISBN 978-3-659-85192-6.

Publisher:
Sciencia Scripts
is a trademark of
Dodo Books Indian Ocean Ltd. and OmniScriptum S.R.L publishing group

120 High Road, East Finchley, London, N2 9ED, United Kingdom
Str. Armeneasca 28/1, office 1, Chisinau MD-2012, Republic of Moldova, Europe
Printed at: see last page
ISBN: 978-620-8-35978-2

VEÍCULO TERRESTRE NÃO TRIPULADO

PROF. SAGAR D. DHAWALE PROFESSOR ASSISTENTE
ESCOLA DE ENGENHARIA AJEENKYA D Y PATIL , LOHEGAON, PUNE.

RESUMO

Alguns dos problemas mais proeminentes que o mundo enfrenta atualmente são o terrorismo e a insurreição. Os governos e os cientistas de todo o mundo estão a trabalhar dia e noite para controlar estes problemas. As nações gastam milhares de milhões de dólares na investigação de novos sistemas de defesa capazes de proteger os cidadãos das ameaças terroristas.

Hoje em dia, com os grandes avanços no domínio da automatização dos veículos, várias operações perigosas e cruciais de combate ao terrorismo estão a ser realizadas por máquinas sofisticadas que não só são mais eficientes como também são responsáveis por salvar várias vidas humanas.

O nosso projeto "Veículo Terrestre Não Tripulado" foi concebido para realizar missões como a patrulha de fronteiras, a vigilância e o combate ativo, tanto como unidade autónoma (automática) como em coordenação com soldados humanos (manual). Trata-se de um protótipo que ilustra a necessidade cada vez maior de tecnologia sofisticada e de veículos de precisão que satisfaçam as necessidades actuais de uma primeira linha de defesa. Uma pessoa a partir de um local remoto pode controlar confortavelmente o movimento do robô sem fios e, em situações em que o controlo manual não é prudente, o veículo é capaz de chegar sozinho ao destino pré-programado.

Este nosso sistema de defesa tem duas unidades - uma é a unidade de controlo (para controlar a mobilidade) e a outra é a unidade de rastreio de movimentos. Este robô seria um operador remoto que receberia uma transmissão de vídeo em direto da câmara para o ajudar a controlar manualmente as duas unidades acima mencionadas do rover. O rover também é capaz de seguir automaticamente o movimento de objectos no seu campo de visão.

O rover é controlado por um operador humano e o vídeo em direto é enviado para a estação de base. A torre segue o movimento de um joystick ou de um rato. Existe um controlador ARMCON adicional que ajuda o soldado no campo de guerra a controlar o rover utilizando um modem sem fios.

ÍNDICE DE CONTEÚDOS

ABREVIATURA

UGV	Unmanned Ground Vehicle
DRDO	Defence Research & Development Organization
LOS	Line of Sight
IED	Improvised Explosive Devices
MCS	Master Control Station
GPS	Global Positioning System
USB	Universal Serial Bus
FPV	First Person View
RPV	Remote Person View
PVC	Poly Vinyl Chloride
RC	Radio Control
UAV	Unmanned Aerial Vehicle
NTSC	National Television System Committee
PAL	Phase alternate Line
LCD	Liquid Crystal Display
SOC	State of Charge
PCB	Printed Circuit Board
IDE	Integrated Development Environment

CAPÍTULO 1

INTRODUÇÃO

Um veículo terrestre não tripulado (UGV) é um veículo que funciona em contacto com o solo e sem a presença de um operador humano a bordo. Os UGVs podem ser utilizados para muitas aplicações em que pode ser inconveniente, perigoso ou impossível ter um operador humano presente. Geralmente, o veículo dispõe de um conjunto de sensores para observar o ambiente e tomar decisões autónomas sobre o seu comportamento ou transmitir a informação a um operador humano num local diferente que controlará o veículo através de teleoperação.

O UGV é o equivalente terrestre dos veículos aéreos não tripulados e dos veículos subaquáticos não tripulados. A robótica não tripulada está a ser ativamente desenvolvida, tanto para uso civil como militar, para realizar uma variedade de actividades monótonas, sujas e perigosas.

O UGV tele-operado é um veículo que é controlado por um operador humano num local remoto através de uma ligação de comunicações. Todos os processos cognitivos são fornecidos pelo operador com base no feedback sensorial, quer a partir da observação visual em linha de vista, quer a partir de dados sensoriais remotos, como câmaras de vídeo. Cada um dos veículos não é tripulado e é controlado à distância através de uma ligação com ou sem fios, enquanto o utilizador fornece todo o controlo com base no desempenho observado do veículo.

Existe uma grande variedade de UGVs tele-operados atualmente em uso. Estes veículos são predominantemente utilizados para substituir os humanos em situações de perigo. Exemplos disso são os veículos de desativação de explosivos e bombas

CAPÍTULO 2

MOTIVAÇÃO

Estávamos a ver filmes relacionados com o Exército e a defesa, nesse filme os soldados usavam este tipo de tecnologia para vigilância dos inimigos e de que lado deveriam atacar os inimigos, por isso pensámos que podíamos fazer um projeto relacionado com isto com longo alcance e com câmara. Também vimos notícias em que alguns reféns foram raptados por terroristas e a polícia estava a usar câmaras de drones para os vigiar, mas os terroristas viram esse drone porque estava a fazer muito barulho, por isso, para ultrapassar esta desvantagem, decidimos construir um veículo terrestre não tripulado com baixo ruído.

2.1 DRDO Rudra:

A unidade de investigação e desenvolvimento da Índia desenvolveu o "RUDRA", um novo veículo operado à distância montado numa arma. O RUDRA foi especialmente concebido para o exército e as forças paramilitares, a fim de proporcionar um veículo autónomo para realizar operações de contra-insurreição, situações de reféns e assaltos em edifícios, reduzindo o risco para os soldados. O RUDRA é um veículo terrestre não tripulado, montado com uma metralhadora de 7,62 mm e um lança-foguetes de 30 mm. A velocidade do RUDRA é de 20 km/h. Agora, com a ajuda do RUDRA, as forças de defesa podem eliminar ameaças sem pôr em perigo a vida humana. O RUDRA pode ser utilizado com a sua LOS (linha de visão) a um alcance máximo de 500 m e 200 m em zonas urbanas, com uma duração máxima de 3 horas.

Fig 2.1.1: Rudra - Veículo Operado Remotamente desenvolvido pela DRDO

2.2 DRDO Daksh:

Daksh é um robô elétrico e controlado à distância, utilizado para localizar, manipular e destruir objectos perigosos em segurança. O Daksh representa o engenho da I&DE (E). É um robô sobre rodas que funciona a bateria e a sua principal função é recuperar engenhos explosivos improvisados (IED). Localiza os engenhos explosivos improvisados com uma máquina de raios X, apanha-os com um braço em forma de pinça e desarma-os com um jato de água. Tem uma caçadeira, que pode abrir portas trancadas, e pode procurar explosivos em carros. O Daksh também pode subir escadas, transpor declives íngremes, navegar em corredores estreitos e rebocar veículos. Alok Mukherjee, um cientista, disse: "Com uma estação de controlo principal (MCS), pode ser controlado remotamente num raio de 500 m em linha de visão ou no interior de edifícios. Noventa por cento dos componentes do robô são indígenas.

Fig 2.2.1: Daksh - Veículo Operado Remotamente desenvolvido pela DRDO

2.3 PROBLEM DEFINIÇÃO:

i. No mundo atual, existem muitos veículos de vigilância, mas estes veículos são volumosos ou de grandes dimensões.
ii. Estes veículos são geralmente ruidosos e podem ser facilmente detectados em qualquer altura e em qualquer lugar.
iii. Estes veículos são operados por humanos e, por vezes, são difíceis de manusear em ambientes desconhecidos e perigosos.
iv. A experiência com este veículo terrestre em termos de funcionamento fiável tem sido insatisfatória e bastante fraca quando comparada com os robôs industriais tradicionais.

Assim, através do desenvolvimento de veículos terrestres não tripulados, podemos ultrapassar as circunstâncias acima referidas.

CAPÍTULO 3

PESQUISA BIBLIOGRÁFICA

Esta secção apresenta uma panorâmica dos sistemas semelhantes existentes e destaca as técnicas e os algoritmos utilizados nos veículos autónomos. Estes veículos têm merecido a atenção de vários investigadores há já algum tempo. Alguns dos seus trabalhos são resumidos de seguida.

Este veículo de Dumbre et al. [3] tinha como objetivo melhorar a vigilância da segurança devido ao número crescente de ataques terroristas. O veículo era controlado remotamente através da Internet, pelo que não havia limitações quanto à distância entre o utilizador e o veículo. Uma webcam ligada a um Raspberry Pi captava uma série de imagens que eram depois transmitidas através da Internet para o navegador Web no lado do cliente. Dependendo do que o utilizador quisesse fazer, podia introduzir os comandos diretamente do teclado ou da página Web e o robô começava a mover-se.

Os acidentes rodoviários causam muitas mortes. O principal objetivo do projeto de Ujjainiya e Chakravarthi [5] era diminuir esse número. Foi desenvolvido um sistema em tempo real para analisar as condições da estrada e as zonas densamente povoadas, a fim de detetar a presença de obstáculos no caminho do veículo em movimento. Sempre que um obstáculo era detectado, o sistema informava imediatamente o condutor, que podia agir em conformidade.

Os carros autónomos são o futuro. As pessoas adoram viajar, mas ficam frustradas quando ficam bloqueadas no trânsito. O objetivo de Hasdak [4] era criar veículos autónomos para resolver os engarrafamentos de trânsito e também para diminuir os acidentes rodoviários e os atrasos nas viagens, de modo a facilitar a vida das pessoas. Um telemóvel android, utilizado pelas suas capacidades de GPS, foi ligado a um Raspberry Pi que controlava os motores. Com a ajuda de um sensor ultrassónico, o carro foi capaz de navegar de um ponto para outro, evitando quaisquer obstáculos pelo caminho.

McConnell et al. [10] tinham como objetivo utilizar robôs para transportar objectos dentro de um edifício. O seu sistema utilizou uma câmara USB e um Raspberry Pi para identificar os seus pontos de passagem e navegar de um ponto para outro. As imagens captadas pela câmara Web foram utilizadas para identificar códigos QR a uma distância de mais de 4,2 m. Primeiro, o robô girava sobre si próprio e captava uma série de imagens. Estas imagens eram analisadas em busca de códigos QR e, assim que o software encontrava um, orientava o robô para essa direção específica.

Este projeto de Pannu et al. [2] visava desenvolver um carro autónomo de visão monocular para o exterior utilizando um Raspberry Pi. Utilizou uma webcam HD e sensores ultra-sónicos para captar dados do mundo. Utilizando os dados, o carro era capaz de chegar ao destino de forma segura e inteligente, evitando assim o risco de erro humano. O veículo utilizou a webcam para detetar a faixa de rodagem, de modo a que o robô pudesse conduzir-se a si próprio e fazer curvas sempre que necessário.

Os hospitais são enormes e difíceis de navegar. Independentemente do número de vezes que os doentes visitam o hospital, acabam sempre por se perder. Foi por isso que Shaferet al. [1] desenvolveram um sistema de navegação autónomo para cadeiras de rodas, capaz de transportar os doentes para os seus destinos apenas com o premir de alguns botões. O sistema utilizou o mapa do hospital e etiquetas RFID colocadas em todo o lado para fornecer informações de orientação à cadeira de rodas. O utilizador introduzia o número do quarto para onde queria ir e o sistema gerava o caminho ideal para o destino, enviando depois os comandos para conduzir a cadeira de rodas. Existem vários algoritmos e técnicas que podem ser utilizados para detetar obstáculos, o que é uma componente importante da navegação autónoma. Estes algoritmos e técnicas são brevemente apresentados de seguida.

A técnica de deteção de obstáculos baseada na distância e na aparência [11] utiliza uma combinação de um sensor ultrassónico para medir a distância e uma câmara para calcular o tamanho do objeto. Uma câmara, tal como um olho humano, tem um campo de visão fixo. Tudo o que a câmara vê será espremido na imagem captada. Dependendo da distância a que um objeto se encontra da câmara, isso terá certamente impacto no tamanho do pixel na imagem. O sensor ultrassónico calcula a distância do obstáculo e, utilizando essa distância combinada com o ângulo de visão da câmara Web e a resolução da imagem, é calculado o tamanho do obstáculo.

O operador de deteção de bordas Sobel é um operador de diferenciação discreta que calcula a aproximação do gradiente da função de intensidade da imagem [15]. Está dividido em dois núcleos, os núcleos das direcções x e y, que são ambos matrizes de tamanho 3×3. Para verificar a existência de arestas, ambas as matrizes são aplicadas a cada pixel da imagem. O gradiente da intensidade da imagem em cada ponto é calculado, dando a direção do maior aumento possível do claro para o escuro e a taxa de variação nessa direção. O resultado mostra, portanto, como a imagem muda e qual a probabilidade de essa parte da imagem representar uma aresta e a sua orientação [20]. Ao multiplicar as matrizes, o resultado será valores positivos ou negativos. O intervalo de valores será então esticado entre 0 e 255, que é uma imagem em escala de cinzentos. O resultado será uma imagem com preto de um lado da borda e branco do outro lado. Finalmente, para obter o resultado final, os valores são combinados para dar a magnitude do gradiente, o que resulta nas margens da imagem.

O detetor de arestas Canny é um operador de deteção de arestas que utiliza um algoritmo de várias fases para localizar e minimizar as respostas múltiplas a uma única aresta [19]. A entrada do operador Canny é a saída obtida do operador Sobel. Após a obtenção do gradiente de cada pixel e da direção da aresta, o passo seguinte consiste em relacionar a direção da aresta com uma direção que possa ser traçada numa imagem. Pode ser na direção horizontal, ao longo da diagonal positiva, na direção vertical ou ao longo da diagonal negativa. Finalmente, a supressão não máxima é utilizada para traçar ao longo da borda na direção da borda e remover todos os pixels desnecessários ao longo da borda que tornam esta última espessa em apenas um pixel de largura. O sensor de infravermelhos é um dispositivo que possui um transmissor e um recetor de infravermelhos [16]. O sensor de infravermelhos é um dispositivo que possui um transmissor e um recetor [16]. Emite uma luz infravermelha utilizando o transmissor e, quando um obstáculo se encontra muito próximo do sensor, a luz é reflectida no objeto e no recetor. Dependendo da distância entre o obstáculo e o sensor, a luz reflectida terá uma intensidade diferente. No entanto, objectos diferentes, de cores ou materiais diferentes, terão um efeito diferente na luz reflectida, mesmo que estejam todos colocados à mesma distância do sensor. Além disso, não há forma de calcular a distância do obstáculo ao sensor e, uma vez que este sensor utiliza infravermelhos, o calor da luz solar terá um impacto na deteção do sensor, pelo que o sensor não é muito preciso para ser utilizado no exterior, mas pode ter um bom desempenho em ambientes interiores.

CAPÍTULO 4

DIAGRAMA GERAL DE BLOCOS

4.1 BLOCO DIAGRAMA:

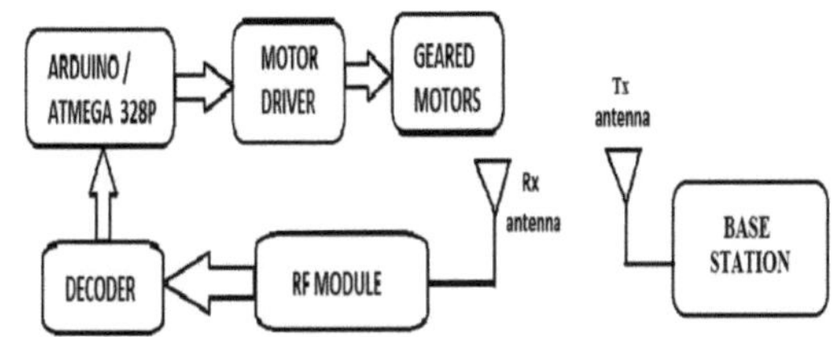

Fig 4.1.1: Diagrama de blocos do sistema de controlo do UGV

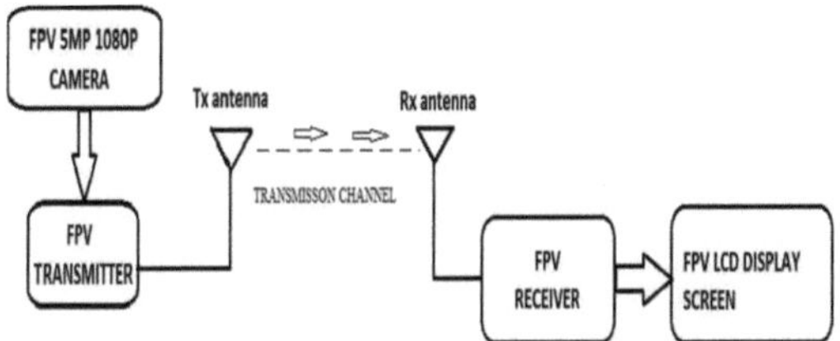

Fig 4.1.2: Diagrama de blocos do recetor e da transmissão de vídeo do UGV

4.2 DIAGRAMA DE BLOCOS EXPLICAÇÃO:

Estação de base:

Trata-se de um sistema informático localizado num local remoto do UGV que o controla utilizando o teclado e o rato para controlar o modo e o movimento e o feedback de vídeo em direto para monitorizar o ambiente. Contém também um circuito transmissor.

Antena Tx e Rx:

É utilizada para transmitir o sinal de controlo da estação de base e a antena Rx recebe o sinal de controlo e fornece-o à unidade de controlo.

Descodificador:

Um descodificador descodifica o sinal de controlo que é recebido pelo recetor.

Arduino/ ATMEGA 328P:

É o microcontrolador Arduino que recebe sinais do utilizador e executa tarefas como o movimento do UGV.

Motorista:

Um controlador de motor é um dispositivo ou grupo de dispositivos que serve para regular, de uma forma predeterminada, o desempenho de um motor. Um controlador de motor pode incluir um meio manual ou automático para arrancar e parar o motor, selecionar a rotação para a frente ou para trás, selecionar e regular a velocidade, regular ou limitar o binário e proteger contra sobrecargas e avarias.

Motor de engrenagens:

Estes são utilizados principalmente para o movimento de UGV.

Câmara:

Um dispositivo de aquisição de imagem que fornece o vídeo necessário para a visão do UGV.

Transmissor e recetor FPV:

FPV significa "First Person View" (visão na primeira pessoa). O sistema First-Person View (FPV) é utilizado para transmitir vídeo em tempo real, sem fios, do UGV para uma estação terrestre.

Monitor FPV:

O monitor FPV é simplesmente um pequeno ecrã utilizado para ver a transmissão de vídeo em direto a partir do solo. São normalmente pequenos para poderem ser alimentados por uma bateria e utilizados em locais remotos. Alguns monitores FPV têm receptores de vídeo e gravadores de vídeo digitais integrados. Uma vez que o sinal FPV é normalmente perdido e recuperado esporadicamente, um monitor utilizado para FPV não deve alterar a configuração ou desligar-se quando detecta a perda de sinal.

CAPÍTULO 5

COMPONENTES DE HARDWARE

- MICROCONTROLADOR ARDUINO
- MOTOR DE ENGRENAGEM
- ACCIONADOR DO MOTOR / PONTE H
- 78XX IC'S
- TRANSMISSOR E RECEPTOR RC
- CÂMARA FPV
- TRANSMISSOR E RECEPTOR FPV
- MONITOR FPV
- BATERIA DE POLÍMEROS DE LÍTIO
- TUBOS E JUNTAS DE PVC

5.1 MICROCONTROLADOR ARDUINO :

Fig 5.1.1: Microcontrolador Arduino Uno (ATMEGA-328P)

ARDUINO:

"O Arduino é uma plataforma de prototipagem eletrónica de código aberto baseada em hardware e software flexíveis e fáceis de utilizar." O ambiente Arduino de código aberto facilita a escrita de código e a sua transferência para a placa i/o. Funciona em Windows, Mac OS X e Linux. O ambiente é escrito em Java e baseado em Processing, AVR-GCC e outro software de código aberto.

ATMEGA 328P

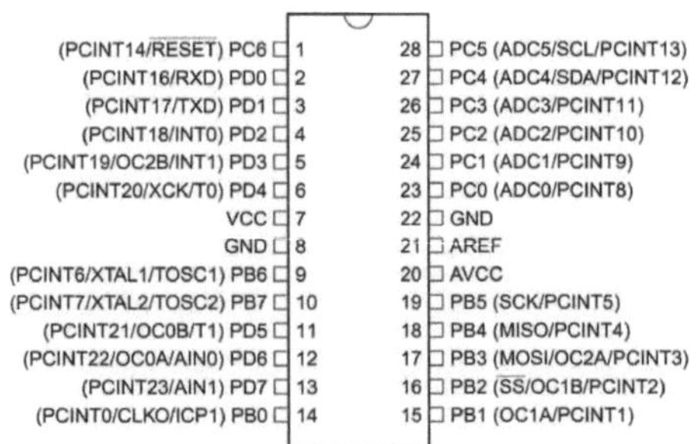

Fig. 5.1.2 DIAGRAMA DE PINOS DO ATMEGA 328P

DESCRIÇÕES DE PINOS:

1. VCC- Tensão de alimentação digital.
2. GND- Terra.
3. Porta B (PB7:0) XTAL1/XTAL2/TOSC1/TOSC2
A porta B é uma porta E/S bidirecional de 8 bits com resistências pull-up internas (selecionadas para cada bit). Os buffers de saída da Porta B têm caraterísticas de acionamento simétricas com capacidade de fonte e de dissipação elevada. Como entradas, os pinos da porta B que são puxados externamente para baixo irão fornecer corrente se as resistências pull-up forem activadas. Os pinos da Porta B são tri-estacionados quando uma condição de reinicialização se torna ativa, mesmo que o relógio não esteja a funcionar. Dependendo das definições do fusível de seleção do relógio, PB6 pode ser utilizado como entrada para o amplificador do oscilador inversor e como entrada para o relógio interno que opera o circuito.
Dependendo das definições do fusível de seleção do relógio, PB7 pode ser utilizado como saída do amplificador do oscilador inversor. Se o oscilador RC calibrado interno for utilizado como fonte de relógio de chip, PB7... .6 é utilizado como entrada TOSC2...1 para o temporizador/contador assíncrono2 se o bit AS2 em ASSR estiver definido.

4. Porta C (PC5:0)

A porta C é uma porta E/S bidirecional de 7 bits com resistências pull-up internas (selecionadas para cada bit). Os buffers de saída PC5...0 têm caraterísticas de acionamento simétricas com capacidade de fonte e de dissipação elevada. Como entradas, os pinos da porta C que são puxados externamente para baixo irão fornecer corrente se as resistências pull-up forem activadas. Os pinos da Porta C são tri-estacionados quando uma condição de reinicialização se torna ativa, mesmo que o relógio não esteja a funcionar.

5. PC6/RESET

Se o fusível RSTDISBL estiver programado, PC6 é utilizado como um pino de E/S. Note que as caraterísticas eléctricas do PC6 diferem das dos outros pinos da Porta C. Se o Fusível RSTDISBL não estiver programado, o PC6 é utilizado como uma entrada de Reposição. Um nível baixo neste pino durante mais tempo do que a duração mínima do impulso irá gerar uma reposição, mesmo que o relógio não esteja a funcionar. Não é garantido que impulsos mais curtos gerem um Reset.

6. Porta D (PD7:0)

A porta D é uma porta E/S bidirecional de 8 bits com resistências pull-up internas (selecionadas para cada bit). Os buffers de saída da Porta D têm caraterísticas de acionamento simétricas com capacidade de fonte e de dissipação elevada. Como entradas, os pinos da Porta D que são puxados externamente para baixo irão gerar corrente se as resistências pull-up forem activadas. Os pinos do Porto D são tri-estacionados quando uma condição de reinicialização se torna ativa, mesmo que o relógio não esteja a funcionar.

7. AVCC

AVCC é o pino de tensão de alimentação para o conversor A/D, PC3:0 e ADC7:6.
Deve ser ligado externamente a VCC, mesmo que o ADC não seja utilizado. Se o ADC for utilizado, deve ser ligado a VCC através de um filtro passa-baixo.

8. AREF

AREF é o pino de referência analógica para o conversor A/D.

9. ADC7:6

No pacote TQFP e QFN/MLF, ADC7:6 serve como entradas analógicas para o conversor A/D. Estes pinos são alimentados a partir da fonte analógica e servem como canais ADC de 10 bits.

5.2 GEAR MOTOR:

O "motor de engrenagens" refere-se a uma combinação de um motor com um trem de engrenagens de redução. Estes são muitas vezes convenientemente embalados juntos numa unidade. A redução da engrenagem (comboio de engrenagens) reduz a velocidade do motor, com um aumento correspondente do binário. As relações de transmissão variam de apenas algumas (por exemplo, 3) a enormes (por exemplo, 500). Uma relação pequena pode ser conseguida com um único par de engrenagens, enquanto uma relação grande requer uma série de passos de redução e, portanto, mais engrenagens. Existem muitos tipos diferentes de redução de engrenagens. No caso de uma pequena relação de transmissão N, a unidade pode ser retrocedida, o que significa que pode rodar o veio de saída, talvez à mão, à velocidade angular w e fazer com que o motor rode à velocidade angular Nw. Uma relação de transmissão N maior pode fazer com que a unidade não seja retrocedida. Cada um tem vantagens para diferentes circunstâncias. A capacidade de retrocesso depende não só de N, mas de muitos outros factores.

Fig 5.2.1: Motor de engrenagem DC

Especificação

- Motor DC com engrenagem
- 30 RPM
- Dimensões: 3,9 x 2,4 x 1,6 polegadas
- Peso: 200 gm
- Funciona com 12V
- Binário: 5Kg/cm

5.3 TENSÃO DO CI 78XX REGULADOR:

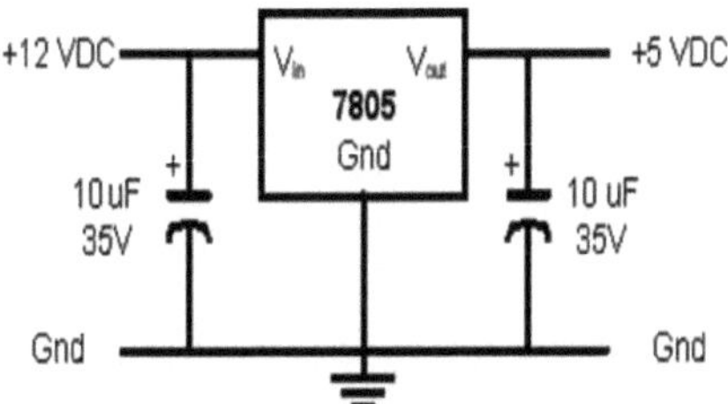

Fig 5.3.1 Um regulador de tensão 7805 típico

Um **regulador de tensão** é um regulador elétrico concebido para manter automaticamente um nível de tensão constante. Um regulador de tensão pode ser um simples design "feed-forward" ou pode incluir circuitos de controlo de feedback negativo. Dependendo da conceção, pode ser utilizado para regular uma ou mais tensões CA ou CC. Neste caso, os condensadores são utilizados para filtragem da entrada e da saída. Utilizámos outros reguladores de tensão conforme mencionado, seguindo a mesma estrutura acima (7812, 7809 e 7806).

Os reguladores de tensão electrónicos encontram-se em dispositivos como as fontes de alimentação de computadores, onde estabilizam as tensões CC utilizadas pelo processador e outros elementos. Em alternadores de automóveis e centrais eléctricas, os reguladores de tensão controlam a saída da central. Num sistema de distribuição de energia eléctrica, os reguladores de tensão podem ser instalados numa subestação ou ao longo das linhas de distribuição, de modo a que todos os clientes recebam uma tensão constante, independentemente da quantidade de energia que é retirada da linha.

5.4 ACCIONADOR DO MOTOR / PONTE H :

Uma **ponte H** é um circuito eletrónico que permite a aplicação de uma tensão através de uma carga em qualquer direção. Estes circuitos são frequentemente utilizados na robótica e noutras aplicações para permitir que os motores de corrente contínua funcionem para a frente e para trás. As pontes H estão disponíveis como circuitos integrados ou podem ser construídas a partir de componentes discretos.

O termo ponte H é derivado da representação gráfica típica de um circuito deste tipo. Uma ponte H é construída com quatro interruptores (de estado sólido ou mecânicos). Quando os interruptores S1 e S4 (de acordo com a primeira figura) estão fechados (e S2 e S3 estão abertos), é aplicada uma tensão positiva ao motor. Ao abrir os interruptores S1 e S4 e ao fechar os interruptores S2 e S3, esta tensão é invertida, permitindo o funcionamento inverso do motor.

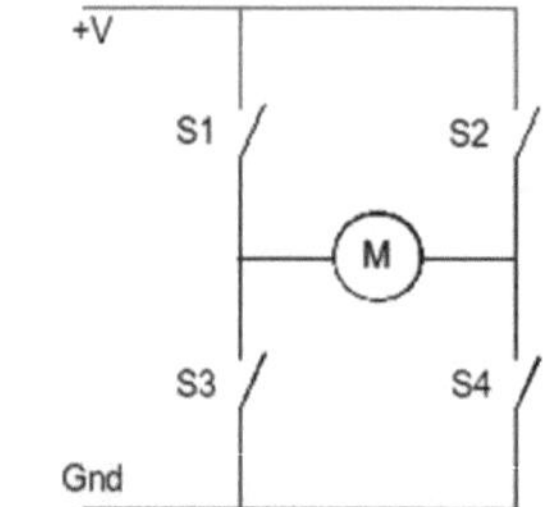

Fig 5.4.1 Diagrama geral da ponte A H

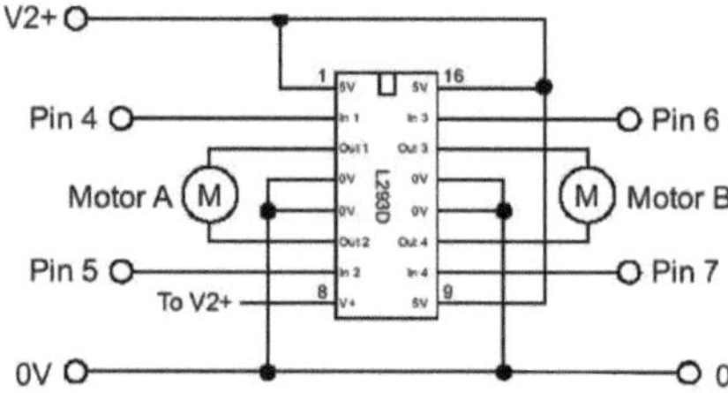

Fig 5.4.2 Um CI de acionamento de motor L293D

5.5 TRANSMISSOR RC & RECEPTOR :

O radiocomando (frequentemente abreviado como **R/C** ou simplesmente **RC**) é a utilização de sinais de controlo transmitidos por rádio para controlar remotamente um dispositivo. Exemplos de sistemas simples de controlo por rádio são os sistemas de abertura de portas de garagem e de entrada sem chave para veículos, em que um pequeno transmissor de rádio portátil destranca ou abre as portas. O controlo por rádio é também utilizado para controlar modelos de veículos a partir de um transmissor de rádio portátil. As organizações industriais, militares e de investigação científica também utilizam veículos controlados por rádio. Uma aplicação em rápido crescimento é o controlo de veículos aéreos não tripulados (UGVs ou drones), tanto para fins civis como militares, embora estes tenham sistemas de controlo mais sofisticados do que as aplicações tradicionais.

Fig 5.5.1 Transmissor e recetor RC

Especificação do transmissor e do recetor RC

- **Gama de banda:** 2,4055 - 2,475GHz
- **Porta de carregamento:** Sim
- **Aviso de baixa tensão:** Sim (a menos de 9V)
- **N.º de canais:** 6
- **Tensão de** funcionamento12V DC (pilha 1.5AA x 8)
- **Dimensões (mm): CxLxA:**189 x 97 x 295
- **Peso (gm):**511

5.6 FPV CAMERA:

A visão na primeira pessoa (FPV), também conhecida como **visão remota da pessoa (RPV)**, ou simplesmente **pilotagem por vídeo**, é um método utilizado para controlar um veículo rádio-controlado a partir do ponto de vista do condutor ou do piloto. Mais frequentemente, é utilizado para pilotar um avião telecomandado ou outro tipo de veículo aéreo não tripulado (UAV). O veículo é conduzido ou pilotado remotamente a partir de uma perspetiva na primeira pessoa através de uma câmara a bordo, alimentada sem fios a óculos de vídeo FPV ou a um monitor de vídeo. Configurações mais sofisticadas incluem uma câmara com movimento giratório controlado por um sensor giroscópio nos óculos do piloto e com duas câmaras a bordo, permitindo uma verdadeira visão estereoscópica.

Fig 5.6.1: Câmara FPV

Especificação da câmara FPV

- ❖ Sensor: 1/3 "CMOS
- ❖ Tamanho da câmara: 28 * 24,5 * 17,5 mm
- ❖ Velocidade do obturador eletrónico: 1/50-1/100
- ❖ Com tampa da lente, que protege bem a lente
- ❖ Peso líquido: 10,4 g
- ❖ Super leve, baixo consumo de energia
- ❖ Lente: 2,8 mm com revestimento IR

5.7 TRANSMISSOR FPV E RECEPTOR :

Um transmissor de rádio FPV é um dispositivo eletrónico que utiliza sinais de rádio para transmitir comandos sem fios através de uma frequência de rádio definida para o recetor de rádio, que está ligado a uma aeronave ou multirotor que está a ser controlado remotamente. Por outras palavras, é o dispositivo que traduz os comandos do piloto para o movimento do multirotor.

Fig 5.7.1: Transmissor e recetor FPV

Especificações do transmissor de câmara FPV

- Ganho de antena: 2db
- Frequência: 5,8GHz
- Entrada de energia: 7.4-16V
- Corrente de funcionamento: 220mA a 12V
- Peso: cerca de 22g
- Alcance de transmissão: até 5 km em terreno aberto
- Dimensão: 54x 32x 10mm (excluindo a antena)

Especificação do recetor de câmara FPV

- Impedância da antena: 50Ω
- Formato de vídeo: NTSC/PAL automático
- Entrada de alimentação: 12V
- Corrente de funcionamento: 200mA máx.
- Dimensão: 80x 65 x15mm
- Peso: cerca de 85g

5.8 DISPOSITIVO DE CAPTURA DE VÍDEO E ÁUDIO EASYCAP:

Trata-se de um dispositivo cuja extremidade pode ser ligada ao recetor FPV e a outra extremidade, que é do tipo USB, é ligada ao computador portátil/PC ou ao telemóvel através de um cabo OTG que mostra a transmissão de vídeo do transmissor.

Fig 5.8.1: Dispositivo de captura de áudio e vídeo

Especificação

- Está facilmente em conformidade com a especificação Universal Serial Bus Rev. 2.0.
- Entrada USB 2.0
- Indicador LED
- Cabo RCA
- Suporta formatos de ficheiro NTSC, PAL
- Resolução máxima do ecrã: 720 x 480 e 720 x 576

5.9 BATERIA:

O lítio é um tipo de bateria recarregável. As baterias de iões de lítio são normalmente utilizadas em aparelhos electrónicos portáteis e veículos eléctricos e estão a ganhar popularidade em aplicações militares e aeroespaciais. Neste caso, utilizámos uma combinação de 6 células de bateria que estão dispostas na ordem 2P3S, o que resulta numa tensão mais elevada e numa maior capacidade da bateria.

Fig 5.9.1: Célula da bateria

Fig 5.9.2: Bateria

Especificação da bateria

- Capacidade da bateria: 4000 mAh
- Tipo de bateria: Bateria de iões de lítio (recarregável)
- Capacidade nominal: 11,1 V (3,7 V cada)
- Tensão de carga total: 4,2V (12V)

5.10 TUBOS DE PVC & JUNTAS:

O policloreto de vinilo (abreviadamente designado por PVC) é o terceiro polímero plástico sintético mais produzido no mundo, depois do polietileno e do polipropileno: O PVC) é o terceiro polímero plástico sintético mais produzido no mundo, depois do polietileno e do polipropileno. São produzidas cerca de 40 milhões de toneladas por ano. O PVC apresenta-se sob duas formas básicas: rígida (por vezes abreviada como RPVC) e flexível. A forma rígida do PVC é utilizada na construção para tubagens e em aplicações de perfis, como portas e janelas. Também é utilizado no fabrico de garrafas, embalagens não alimentares, folhas de cobertura de alimentos e cartões (como cartões bancários ou de membro). Pode tornar-se mais macio e flexível através da adição de plastificantes, sendo os mais utilizados os ftalatos. Nesta forma, é também utilizado em canalizações, isolamento de cabos eléctricos, imitação de couro, pavimentos, sinalização, discos fonográficos, produtos insufláveis e muitas outras aplicações em que substitui a borracha. Com algodão ou linho, é utilizado para fazer a tela.

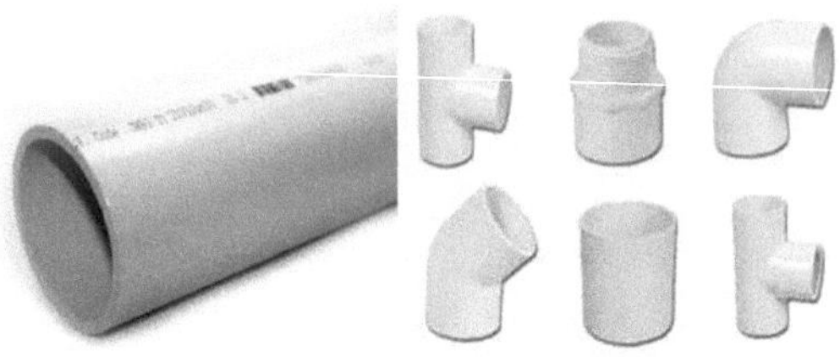

Fig 5.10.1: Tubo de PVC e juntas

5.11 MÓDULO DE PROTECÇÃO DA PLACA DO CARREGADOR DE BATERIAS DE LÍTIO:

Este módulo foi concebido para carregar baterias de lítio recarregáveis utilizando o método de carregamento de corrente constante/tensão constante, para além de carregar com segurança uma bateria de lítio. O módulo também fornece a proteção necessária exigida pelas baterias de lítio. Este módulo utiliza o IC controlador de carga de iões de lítio TP4056 e um IC de proteção de baterias de iões de lítio DW01A separado que, em conjunto, fornecem as seguintes caraterísticas de proteção:

- Gerir o carregamento de corrente constante para tensão constante da bateria de lítio ligada.
- Proteção contra descarga excessiva
- Proteção contra sobrecarga
- Proteção contra sobreintensidades e curto-circuitos

Fig 5.11.1: Módulo de proteção

Especificação:

- Gama de tensão de recarga: 4,25-4,35 v ± 0,05 v.
- Corrente de funcionamento: 6-8A.
- Temperatura de funcionamento: -40 a + 50 °C.
- Limite de corrente: 10-13A.

CAPÍTULO 6

REQUISITO DE SOFTWARE

6.1 ARDUINO IDE:

O Arduino é uma ferramenta para criar computadores que podem sentir e controlar mais do mundo físico do que o seu computador de secretária. É uma plataforma de computação física de código aberto baseada numa placa de microcontrolador simples e num ambiente de desenvolvimento para escrever software para a placa. O Arduino pode ser utilizado para desenvolver objectos interactivos, recebendo entradas de uma variedade de interruptores ou sensores e controlando uma variedade de luzes, motores e outras saídas físicas. Os projectos Arduino podem ser autónomos ou podem comunicar com software executado no computador (por exemplo, Flash, Processing, MaxMSP). As placas podem ser montadas à mão ou compradas pré-montadas; o IDE de código aberto pode ser descarregado gratuitamente. A linguagem de programação Arduino é uma implementação do Wiring, uma plataforma de computação física semelhante, que se baseia no ambiente de programação multimédia Processing.

Porquê o Arduino?
Existem muitos outros microcontroladores e plataformas de microcontroladores disponíveis para computação física. O Parallax Basic Stamp, o BX-24 da Net media, o Phidgets, o Handyboard do MIT e muitos outros oferecem funcionalidades semelhantes. Todas estas ferramentas pegam nos pormenores confusos da programação de microcontroladores e envolvem-nos num pacote fácil de usar. O Arduino também simplifica o processo de trabalho com microcontroladores, mas oferece algumas vantagens para professores, estudantes e amadores interessados em relação a outros sistemas:

- **Barato** - As placas Arduino são relativamente baratas em comparação com outras plataformas de microcontroladores. A versão mais barata do módulo Arduino pode ser montada à mão, e mesmo os módulos Arduino pré-montados custam menos de 50 dólares.
- **Plataforma cruzada** - O software Arduino funciona nos sistemas operativos Windows, Macintosh OSX e Linux. A maioria dos sistemas de microcontroladores está limitada ao Windows.
- **Ambiente de programação simples e claro** - O ambiente de programação do Arduino é fácil de utilizar para principiantes, mas suficientemente flexível para que os utilizadores avançados também possam tirar partido dele. Para os professores, é convenientemente baseado no ambiente de programação Processing, pelo que os alunos que aprendem a programar nesse ambiente estarão familiarizados com o aspeto e a sensação do Arduino.
- **Software de código aberto** e **extensível** - O software Arduino é publicado como ferramentas de código aberto, disponíveis para extensão por programadores experientes. A linguagem pode ser expandida através de bibliotecas C++, e as pessoas que pretendam

compreender os pormenores técnicos podem passar do Arduino para a linguagem de programação AVR C, na qual se baseia. Da mesma forma, se quiser, pode adicionar código AVR-C diretamente aos seus programas Arduino.

• **Código aberto e hardware extensível** - O Arduino é baseado nos microcontroladores ATMEGA8 e ATMEGA168 da Atmel. Os planos para os módulos são publicados ao abrigo de uma licença Creative Commons.

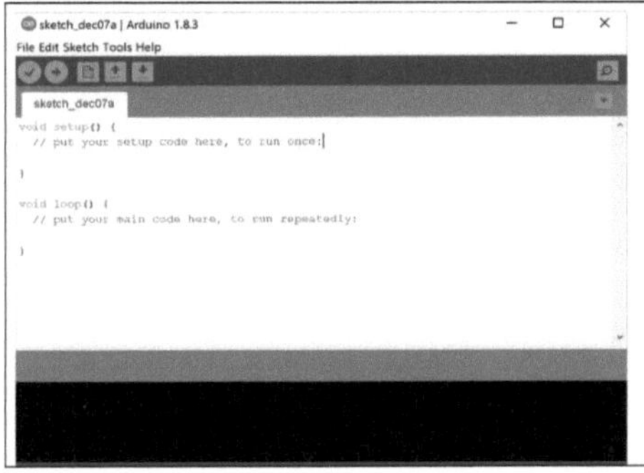

Fig 6.1.1: Arduino IDE

6.2 AUTODESK FUSION 360:

Para que é utilizado o FUSION 360?

Pode criar qualquer desenho 2D e modelo ou construção 3D que possa ser desenhado à mão. O programa também permite ao utilizador agrupar ou colocar objectos em camadas, guardar objectos numa base de dados para utilização futura e manipular as propriedades dos objectos, como o tamanho, a forma e a localização. O programa pode ser utilizado para projectos simples, como gráficos ou apresentações, ou para desenhos complexos, como a arquitetura de um edifício. Algumas outras aplicações práticas podem incluir:

• Decoração de interiores
• Desenhos e modelos aeronáuticos
• Projectos de engenharia
• Projectos de arquitetura

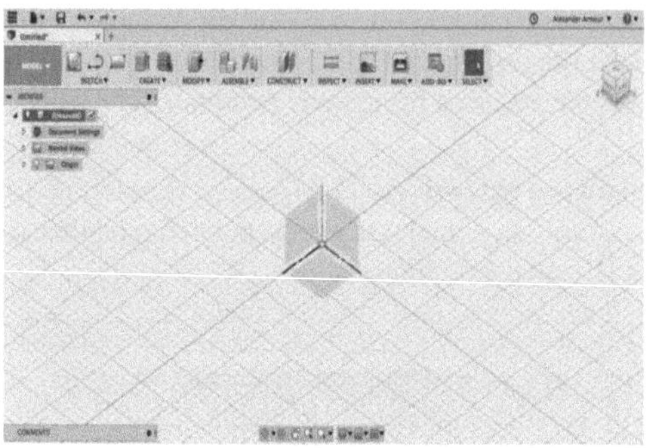

Fig 6.2.1: Fusion 360

CAPÍTULO 7

OPERAÇÃO DO UGV

7.1 CONTROLO DO CENTRO DE COMANDO:

Manobrar o UGV sem fios, transmitindo comandos de navegação a partir da estação de base, com base no vídeo recebido da câmara de bordo. Controlar a torre sem fios para localizar e eliminar alvos no campo de visão. O objetivo deste modo é permitir uma tele que pode variar entre um simples teclado de computador e outros dispositivos de entrada concebidos pelo próprio. Os comandos são enviados para o UGV remotamente através de comunicações sem fios, como RC ou RF, enquanto este transfere o feedback de vídeo em direto para o utilizador.

Conceção de algoritmos:

❖ **Lado do utilizador: -**

- Foram atribuídas as teclas de seta para cima, para baixo, para a esquerda e para a direita.
- As teclas premidas foram mapeadas em caracteres específicos que são enviados como sinais de controlo para o controlador Arduino.
- Os caracteres enviados têm uma função única que lhes é atribuída e que é apresentada.

❖ **Lado do UGV: -**

- O UGV monitoriza a entrada em série para os caracteres recebidos e toma as decisões subsequentes.
- As seguintes funções são executadas em resposta ao carácter enviado [up (), down (), left (), right (), halt ()]
- Fornecemos a atribuição de pinos no sentido horário e anti-horário para o movimento para a frente e para trás do UGV.
- O pino de sinal PWM dedicado para a gama de rotação do servo de 80 a 120 graus é mantido e o controlo H - Bridge Enable está a ser utilizado para a travagem.

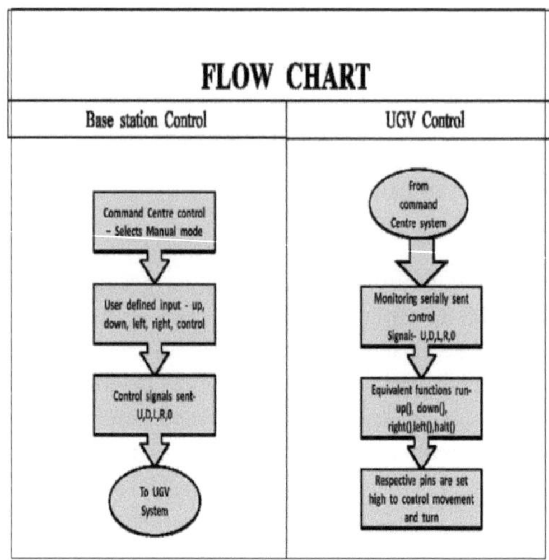

Fig. 7.1.1 Fluxograma do controlo do centro de comando

7.2 CONTROLOS DO VEÍCULO:

Os manípulos são utilizados para controlar o UGV. Cada manípulo tem duas funções. O manípulo direito controla a rotação do veículo e o manípulo esquerdo controla o acelerador para avançar e inverter a direção do UGV.

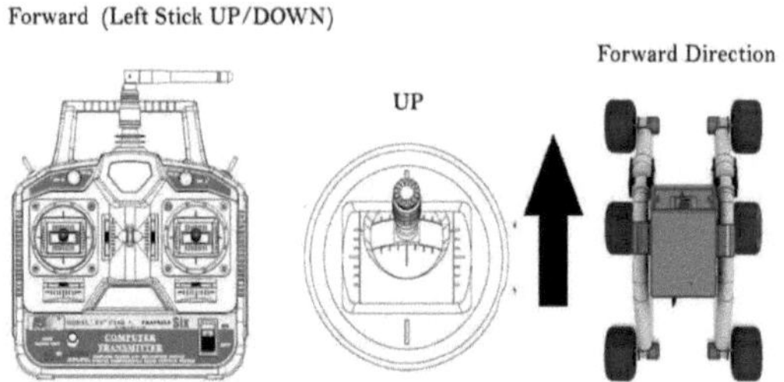

Fig 7.2.1: Direção de avanço

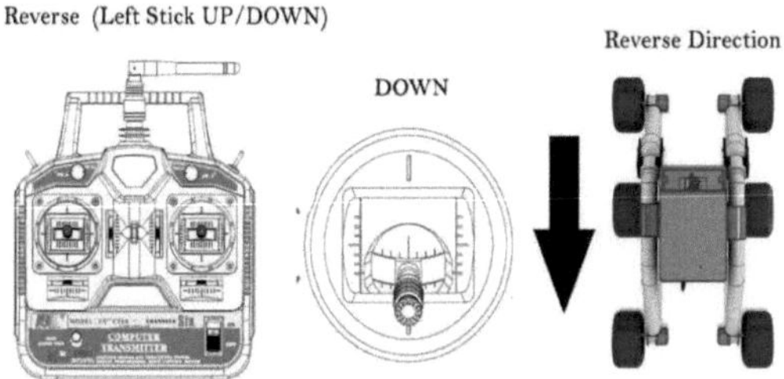

Fig 7.2.2: Direção inversa

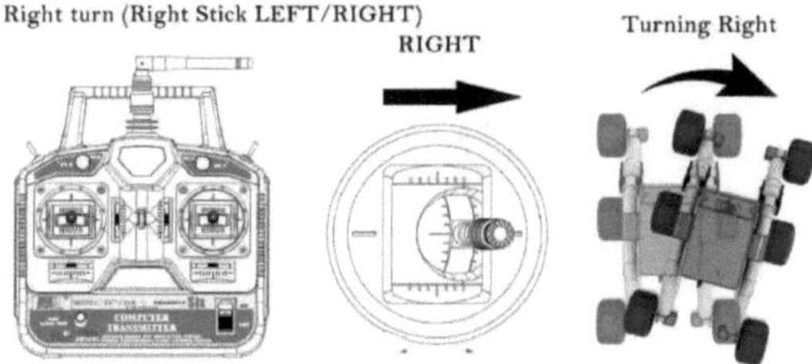

Fig 7.2.3: Direção direita

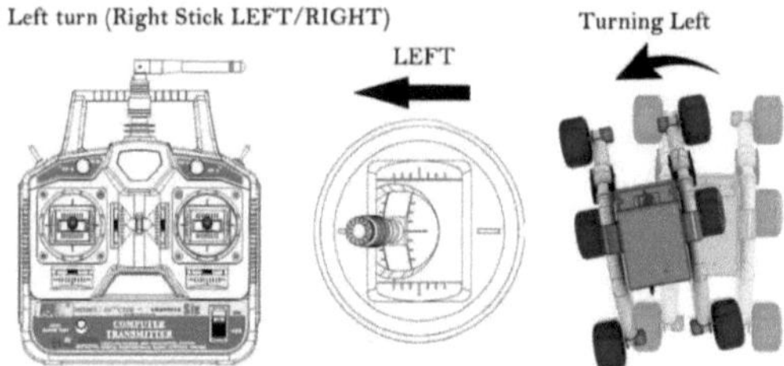

Fig 7.2.4: Direção esquerda

7.3 DIGITALIZAÇÃO DE VALORES ANALÓGICOS:-

A figura mostra os valores analógicos que são enviados pelo transmissor RC e o recetor RC lê-os. Em seguida, esses valores analógicos são dados ao Arduino, que os converte em valores digitais. Esses valores são usados para controlar o veículo na direção apropriada. Para digitalizar os valores analógicos, utilizámos o controlador Arduino, que está programado com o programa de digitalização RC e o conjunto transmissor-recetor RC. Se movermos o joystick na direção esquerda, direita, para cima e para baixo, obtemos os valores analógicos no monitor de série com a ajuda destes valores, escrevemos e descarregamos o programa de controlo para o nosso veículo.

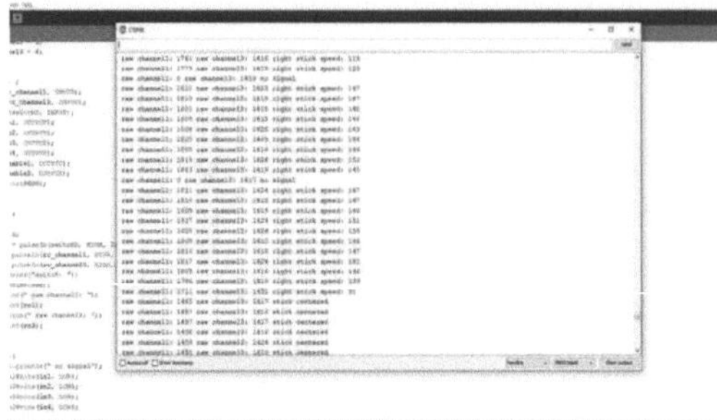

Fig 7.3.1: Leitura de valores analógicos

CAPÍTULO 8

DIAGRAMA DO CIRCUITO

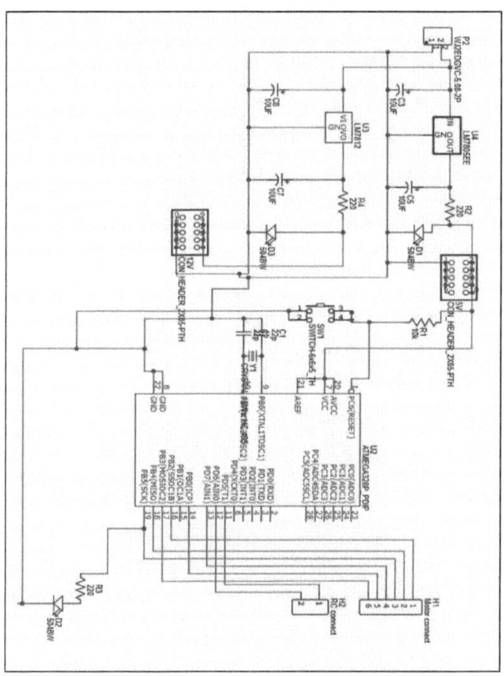

Fig. 8.1: Esquema do UGV

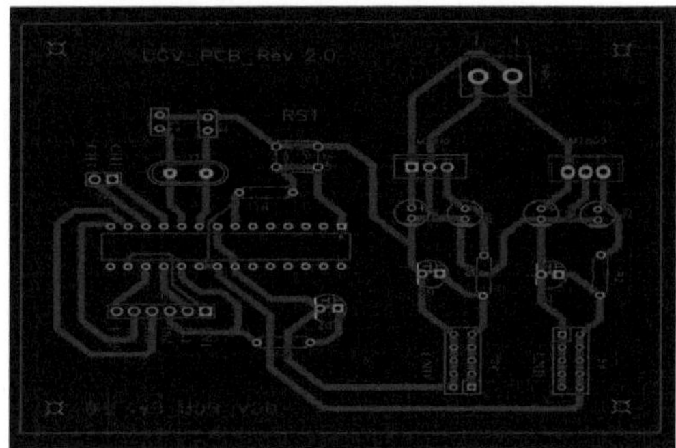

Fig. 8.2: Esquema da placa de circuito impresso do UGV

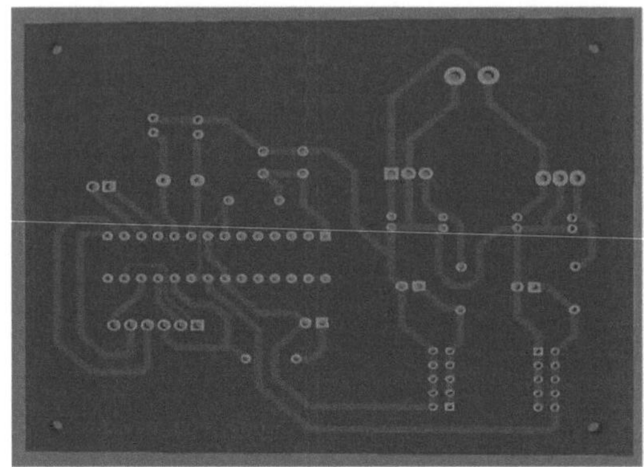

Fig. 8.3: Vista inferior da placa de circuito impresso do UGV

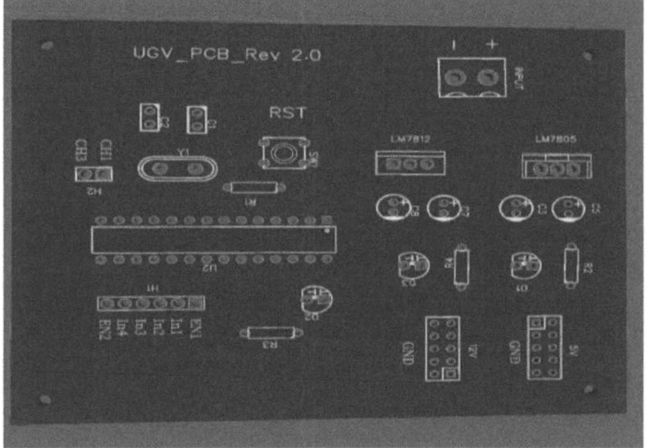

Fig. 8.4: Vista superior da placa de circuito impresso do UGV

Fig. 8.5: Placa de circuito impresso do UGV

CAPÍTULO 9

CONCEPÇÃO DO SISTEMA

9.1 CONCEPÇÃO DO MODELO

Fig 9.1.1: Vista frontal do UGV

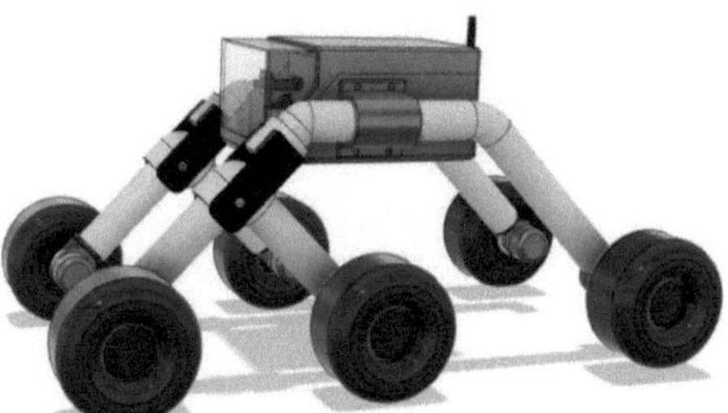

Fig 9.1.2: Vista lateral esquerda do UGV

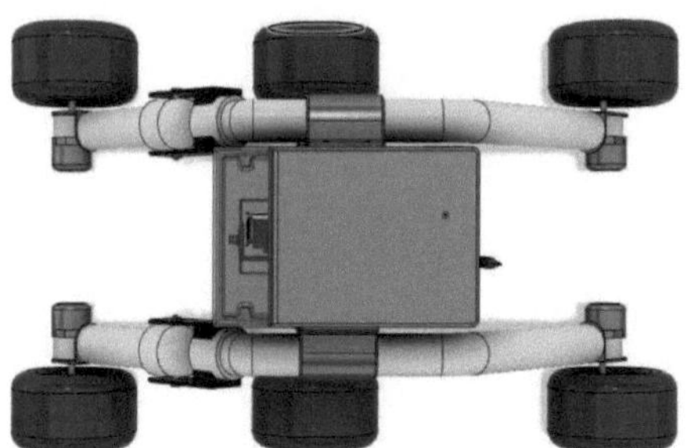

Fig 9.1.3: Vista superior do UGV

Fig 9.1.4: Vista lateral traseira do UGV

9.2 ESBOÇO 3D PARA COMPONENTES 3D

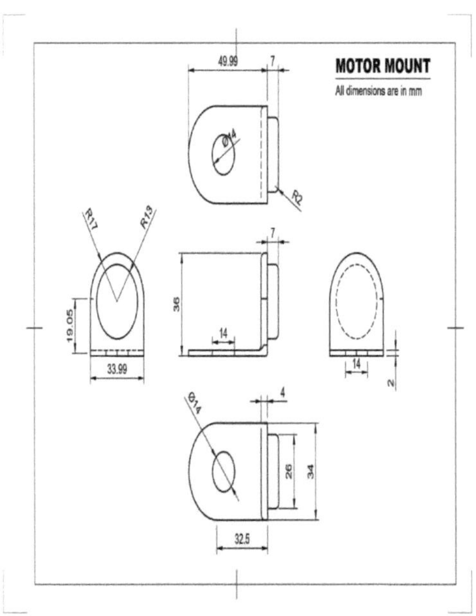

Fig 9.2.1: Esboço 3D para montagem do motor

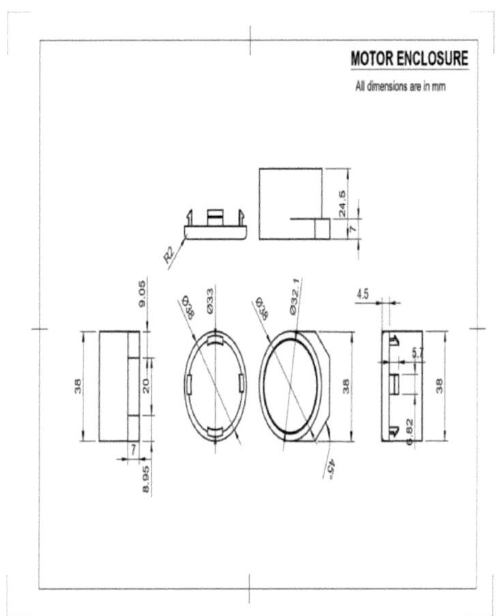

Fig 9.2.2: Esboço 3D para o invólucro do motor

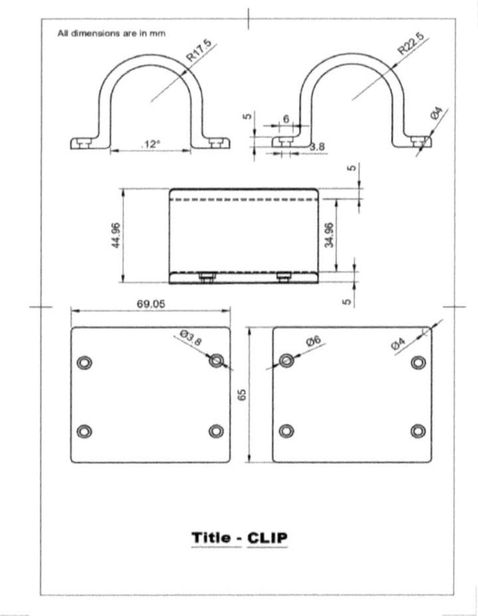

Fig 9.2.3: Esboço para o clip

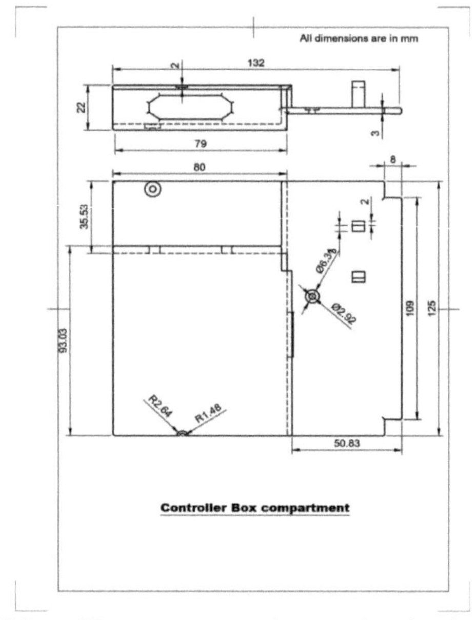

Fig 9.2.4: Esboço 3D para os compartimentos da caixa do controlador

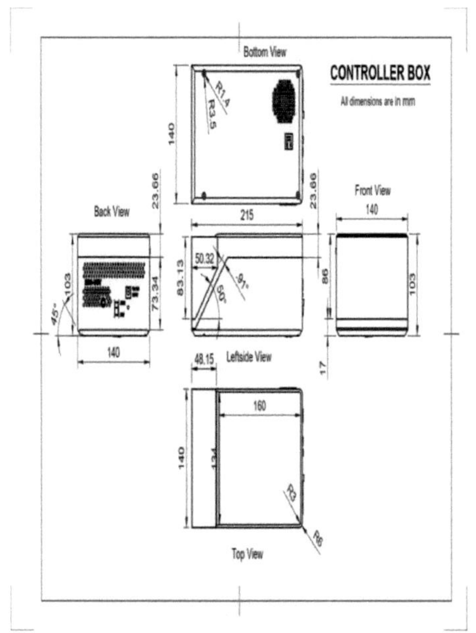

Fig 9.2.5: Esboço 3D para a caixa do controlador

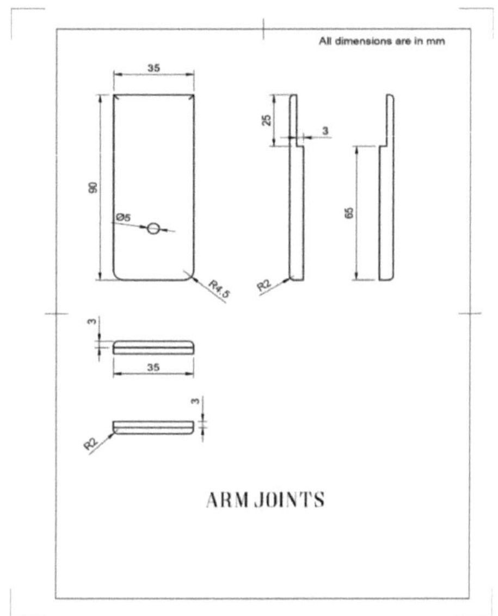

Fig 9.2.6: Esboço 3D para a articulação do braço

9.3 COMPONENTES 3D

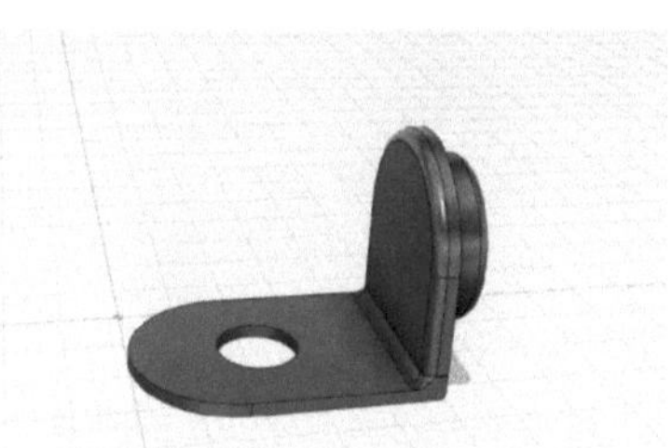
Fig 9.3.1: Montagem do motor

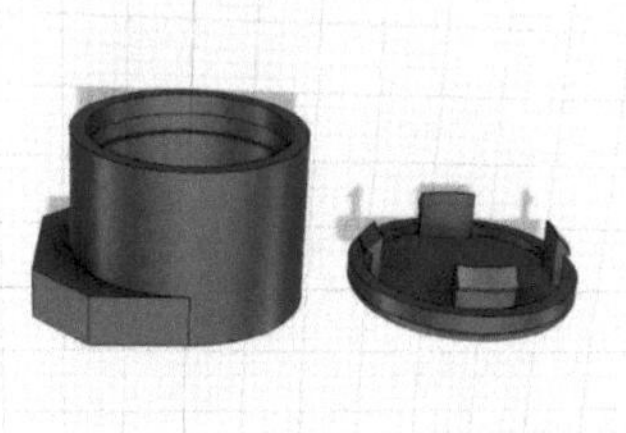
Fig 9.3.2: Invólucro do motor

Fig 9.3.3: Articulações do braço 1

Fig 9.3.4: Articulações do braço 2

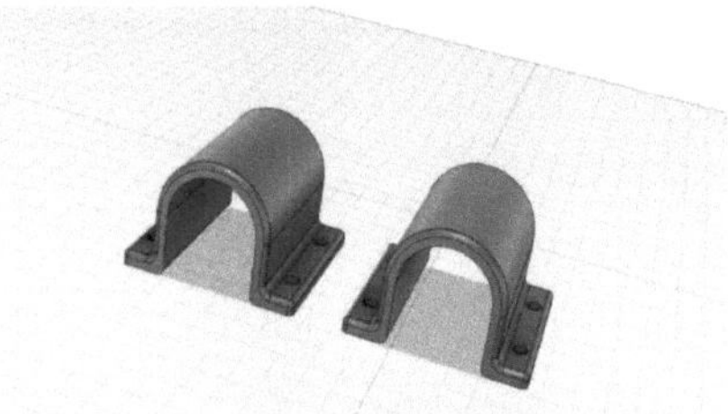

Fig 9.3.5: Clipes para unir o tubo e a caixa de controlo

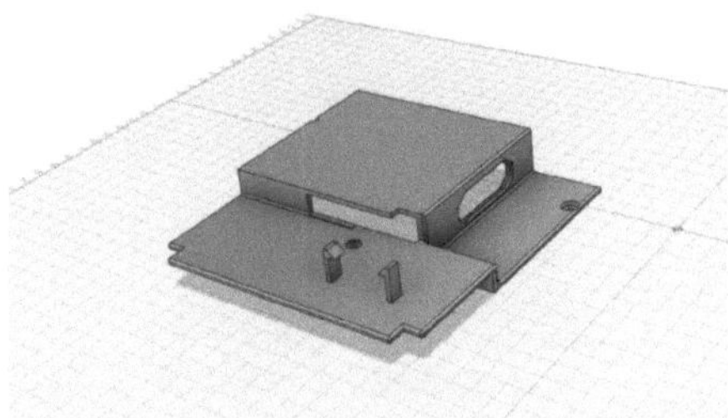

Fig 9.3.6: Compartimentos da caixa de controlo

9.4 CAIXA DE CONTROLO

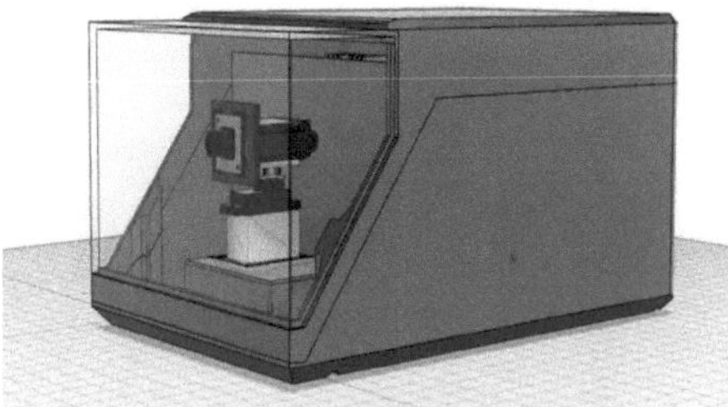

Fig 9.4.1: Vista em corte transversal da caixa do controlador

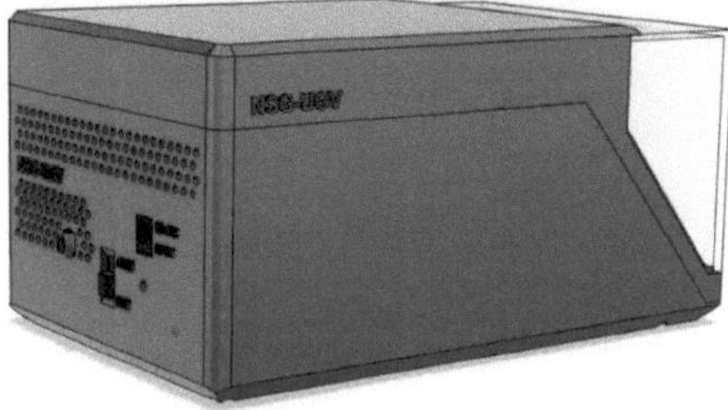

Fig 9.4.2: Vista em corte transversal da caixa do controlador

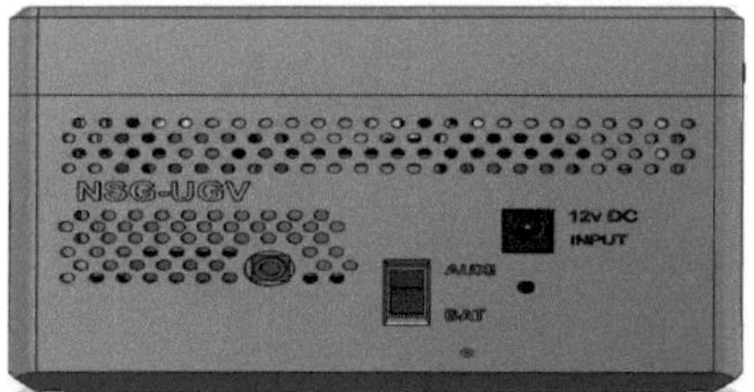

Fig 9.4.3: Vista lateral traseira da caixa do controlador

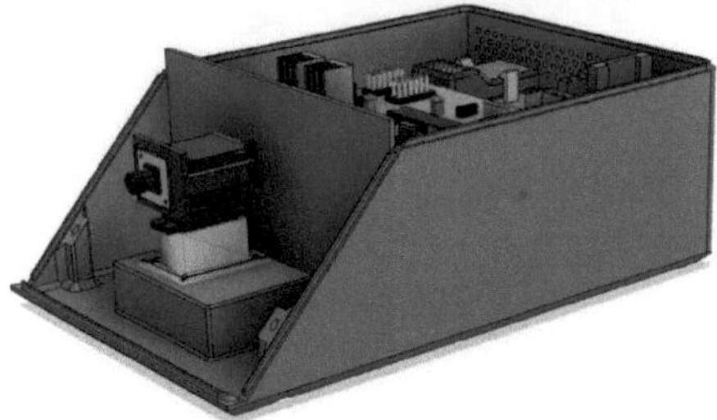

Fig 9.4.4: Após a remoção da tampa superior da caixa do controlador

9.5 MECANISMO DE CÂMARA FPV

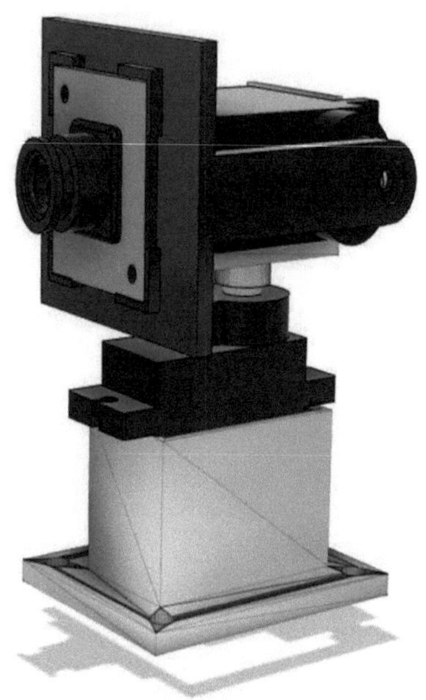

Fig 9.5.1: Mecanismo da câmara FPV

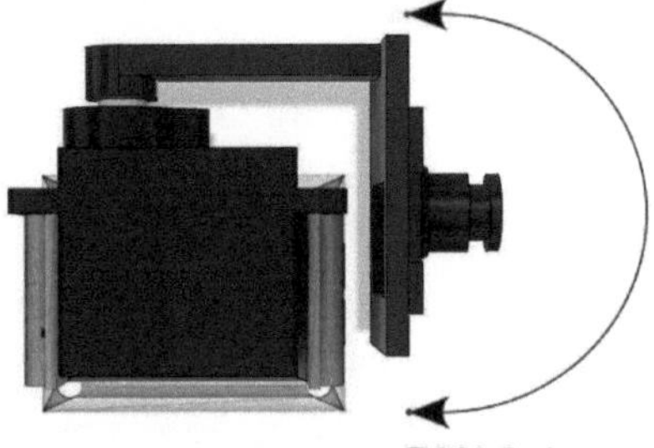

Fig 9.5.2: Eixo PAN da câmara FPV

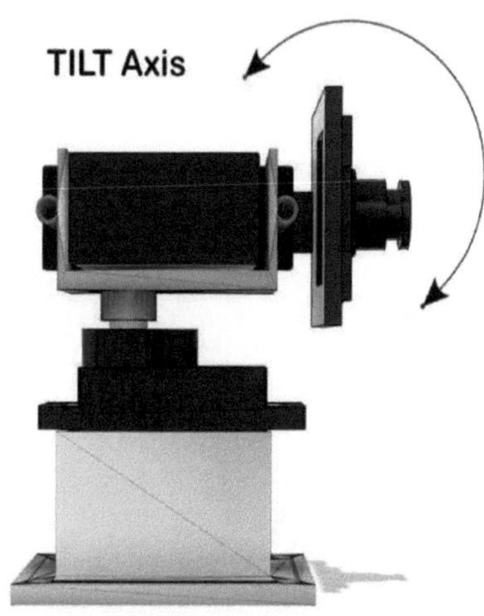

Fig 9.5.3: Eixo de inclinação da câmara FPV

CAPÍTULO 10

RESULTADO

Fig. 10.1: Imagem da câmara FPV

CAPÍTULO 11

VANTAGENS

1. Permite que o soldado detecte os inimigos na patrulha ou à espera de emboscar os nossos soldados, pode ajudar a salvar vidas, a robótica não tripulada pode impedir os atiradores inimigos na área, que é uma das armas mais mortíferas utilizadas em qualquer forma de guerra. Os veículos não tripulados também podem ajudar os militares nos tiroteios e em situações de combate real, são utilizados para levar os mantimentos aos soldados em combate e ajudam os soldados a ter o excedente de munições.

CAPÍTULO 12

LIMITAÇÕES

1. Não é possível operá-lo em ambientes onde a temperatura é superior a 100 graus Celsius. Isto deve-se ao facto de o corpo do nosso UGV ser feito de carbonato de polivinil que começa a derreter a altas temperaturas.
2. Devido ao fornecimento limitado de energia da bateria, só podemos utilizá-la durante um determinado período de tempo, uma vez que aqui são utilizadas baterias de polímero de lítio.
3. A transmissão de vídeo é perturbada quando o UGV se encontra no meio de uma área rodeada por vários edifícios.

CAPÍTULO 13

APLICAÇÕES

1. **RECONNAISSANCE** - Também conhecido como Scouting, é o termo militar para efetuar um levantamento preliminar, especialmente um levantamento militar exploratório, para obter ou recolher informações.

2. **BUSCA E RESGATE** - Em tempos de calamidades naturais ou desastres provocados pelo homem, revela-se uma máquina fiável para localizar pessoas ou objectos com facilidade, tornando inútil o esforço humano.

3. PATRULHA **E VIGILÂNCIA DE FRONTEIRAS** - Em tempos de guerra militar ou de invasão de fronteiras, é utilizada para controlar a entrada de forças estrangeiras no território.

4. **SITUAÇÕES DE COMBATE ACTIVAS** - Amplamente utilizados no campo de batalha, os UGVs equipados com explosivos, armamento e escudos provaram ser activos úteis e dispensáveis sem o custo de vidas humanas

5. **OPERAÇÕES DE COMBATE ÀS ESCONDIDAS** - O objetivo de espiar sem entrar no radar do inimigo é eficaz em estratégias de guerra.

6. **NOVAS EXPLORAÇÕES** - É possível efetuar buscas em cavernas profundas, explorações subaquáticas e a exploração de Marte e dos planetas exteriores, atualmente em curso.

7. Efetuar missões perigosas que impliquem a perda de vidas humanas.

CAPÍTULO 14

ÂMBITO DE APLICAÇÃO FUTURA

- Os UGVs podem ser utilizados para atravessar e mapear túneis de minas.
- Os tractores de colheita não tripulados podem ser operados 24 horas por dia, o que permite gerir curtos períodos de colheita.
- No sistema de gestão de armazéns, os UGVs têm múltiplas utilizações, desde a transferência de mercadorias com empilhadores e transportadores autónomos até à leitura de stocks e à elaboração de inventários.

CONCLUSÃO

Um Veículo Terrestre Não Tripulado foi projetado e montado utilizando componentes prontos a usar e de qualidade comercial. A conceção dos sistemas mecânicos seguiu uma abordagem simples, mas poderosa, em que todas as peças foram integradas no veículo com o mínimo de modificações introduzidas. A incorporação de várias tecnologias sob o mesmo teto deu-nos o caminho para alcançar objectivos que nunca foram realizados de forma tão eficiente no passado. Estas tecnologias criam uma máquina fiável e capaz de enfrentar situações por si só e facilitar o trabalho do homem nos cenários actuais.

REFERÊNCIAS

1. Shafer, M. Turney, F. Ruiz, J. Mabon, V. Paruchuri, Y. Sun Navegação autónoma em cadeira de rodas baseada em robótica J Commun Comput, 13 (2016), pp. 319-328
2. G.S. Pannu, M.D. Ansari, P. Gupta Conceção e implementação de um carro autónomo utilizando Raspberry Pi Int J Comput Appl, 113 (9) (2015)
3. K. Dumbre, S. Ganeshkar, A. Dhekne Controlo de veículos robóticos utilizando a Internet através de uma página Web e de um teclado Int J Comput Appl, 114 (17) (2015)
4. O. Hasdak Programação de um carro autónomo [Tese de doutoramento] Universidade BRAC (2015)
5. L. Ujjainiya, M.K. Chakravarthi Sistema anticolisão de veículos económico baseado em Raspberry-pi utilizando processamento de imagem ARPN J Eng Appl Sci, 10 (7) (2015), pp. 3001-3005
6. J.D. Hernández, E. Vidal, G. Vallicrosa, E. Pairet, M. Carreras Mapeamento e planeamento simultâneos para veículos subaquáticos autónomos em ambientes desconhecidos OCEANS 2015-Genova, IEEE (2015), pp. 1-6
7. Al-Mayyahi, W. Wang, P. Birch Técnica neuro-fuzzy adaptativa para a navegação autónoma de veículos terrestres Robótica, 3 (4) (2014 Nov 19)
8. B.A. Vroegindeweij, S.W. van Wijk, E. van Henten Autonomous unmanned aerial vehicles for agricultural applications Actas da conferência internacional de engenharia agrícola, Zurique (2014)
9. J.M. Anderson, K. Nidhi, K.D. Stanley, P. Sorensen, C. Samaras, O.A. Oluwatola Tecnologia de veículos autónomos: um guia para os decisores políticos Rand Corporation (2014)
10. M. McConnell, D. Chionuma, J. Wright, J. Brandt, L. Zhe Conceção de um robô autónomo para navegação em interiores Actas da conferência internacional de telemetria, International Foundation for Telemetering (2013)
11. F. Shahdib, M.W.U. Bhuiyan, M.K. Hasan, H. Mahmud Deteção de obstáculos e medição do tamanho de objectos para robôs móveis autónomos utilizando sensores Int J Comput Appl, 66 (9) (2013)
12. J. Wei, J.M. Snider, J. Kim, J.M. Dolan, R. Rajkumar, B. Litkouhi Towards a viable autonomous driving research platform Simpósio sobre veículos inteligentes (IV), IEEE (2013), pp. 763-770
13. L. Meier, P. Tanskanen, L. Heng, G.H. Lee, F. Fraundorfer, M. Pollefeys PIXHAWK: Um projeto de microveículo aéreo para voo autónomo utilizando visão computacional a bordo Aut Robots, 33 (1-2) (2012), pp. 21-39
14. S.S. Srinivasa, D. Ferguson, C.J. Helfrich, D. Berenson, A. Collet, R. Diankov, et al. HERB: a home exploring robotic butler Aut Robots, 28 (1) (2010), pp. 5-20 & pp. 349-370
15. O.R. Vincent, O. Folorunso junho. Um algoritmo descritivo para a deteção de bordas em imagens sobel Proceedings of Informing Science & IT Education Conference (InSITE). 2009, 40 (2009), pp. 97-107

16. J. Yan Sensor de infravermelhos Patente dos EUA 7,408,157 (2008)
17. J. Kramer, M. Scheutz Ambientes de desenvolvimento para robôs móveis autónomos: um estudo Aut Robots, 22 (2) (2007), pp. 101-132
18. Tuijl, J.G. Kornet, J. Meuleman, J. Bontsema, et al. Um robô autónomo para a colheita de pepinos em estufas Aut Robots, 13 (3) (2002), pp. 241-258
19. J. Canny A computational approach to edge detection IEEE Trans Pattern Anal Mach Intell, 6 (1986), pp. 679-698
20. I. Sobel, G. Feldman Um operador de gradiente isotrópico 3x3 para processamento de imagens Uma palestra no projeto artificial de Stanford em (1968), pp. 271-272

MIX
Papier aus verantwortungsvollen Quellen
Paper from responsible sources
FSC® C105338

Printed by Books on Demand GmbH, Norderstedt / Germany